青少年

ZIBEI
YIBIANER

U0681412

自卑，
一边儿去

张晓舟　著

邬　梅　陈灵菲　绘

四川大学出版社

责任编辑:张　晶
责任校对:敬铃凌
封面设计:墨创文化
责任印制:王　炜

图书在版编目(CIP)数据

自卑，一边儿去 / 张晓舟著；邬梅，陈灵菲绘.
—成都：四川大学出版社，2010.11（2020.4重印）
（青少年心理深呼吸丛书）
ISBN 978-7-5614-5061-1

Ⅰ.①自… Ⅱ.①张… ②邬… ③陈… Ⅲ.①个性
心理学-青少年读物　Ⅳ.①B848-49

中国版本图书馆 CIP 数据核字（2010）第 210699 号

书　名	**自卑，一边儿去**	
	Zibei, Yibianerqu	
著　者	张晓舟	
绘　画	邬　梅　陈灵菲	
出　版	四川大学出版社	
地　址	成都市一环路南一段24号（610065）	
发　行	四川大学出版社	
书　号	ISBN 978-7-5614-5061-1	
印　刷	三河市兴国印务有限公司	
成品尺寸	145 mm×210 mm	
印　张	3.75	
字　数	50千字	
版　次	2011年1月第1版	
印　次	2020年4月第10次印刷	
定　价	28.80元	

◆读者邮购本书,请与本社发行科联系。
　电话:(028)85408408/(028)85401670/
　(028)85408023　邮政编码:610065
◆本社图书如有印装质量问题,请
　寄回出版社调换。
◆网址:http://press.scu.edu.cn

写在前面的话

　　青少年时期是人生成长的关键时期。青少年面临巨大的学习压力，不仅需要全面学习知识、提升认识、增强能力、丰富经验，而且需要突破自我，在自我否定中发展自我；有时还不得不面对父母、老师规划的路线与自我需求之间的矛盾冲突。心理学家据此把青少年成长期称为挣扎期。这一时期青少年出现较多心理困扰和心理问题是难免的。但这些心理困扰和心理问题多为情境性和一时性的，是其成长过程中知识、经验、能力、精力不足和外部环境压力太大所致，这些心理困扰可以通过辅导和自学有关知识得以解决。学习自我解决心理困扰，也是青少年成长的一个重要方面。

　　现在越来越多的心理学自助读物和心理辅导读物面世，这对处于挣扎期的广大青少年是一个福音。但是现在青少年学习压力大、时间少，亟须更简略、更生动形象地讲解心理学基本知识的读物。我们希望这套《青少年心理深呼吸丛书》可让大家轻松愉快地了解心理学的实用知识。

　　从心理学角度看，做深呼吸可以帮助我们遇事冷静下来，从而更客观地评估情境，更好地选择处理问题的方式。从时间上来说，做深呼吸为我们的瞬时反应争取了时间，我们可以更从容地组织自己的资源。我们希望这套漫画丛书让青少年朋友面对问题时做做心理"深呼吸"，从容应对。

　　在书中我们比较强调通过调动自我内心资源来解决心理困惑和成长中的烦恼，希望大家多问问自己"我到底要什么"来审视自己内心的真正需要，强调通过改变价值追求、思维模式、生活态度，尝试新的应对模式来消除自己的心理困惑。

我们希望青少年朋友用书中介绍的方法来改变自己的心态，学会在更广阔的背景中，更长远的发展阶段中来认识自己，看待身边的事情，思考社会和生活，提升自己的心理素质。

《青少年心理深呼吸丛书》面世以来，多次重印，深受广大读者喜爱。我们借这次再版机会，对第一版的内容进行了少量修订；同时，将《解释，改变生活》书名更改为《谬见，一边儿去》，使本丛书在形式上更趋一致。希望再版后的《青少年心理深呼吸丛书》能给读者带来新的启迪和帮助！

本丛书再版封面得到了美国电气工程博士大卫·凯力力（Dr. Davood Khalili）的倾力相助。他曾著有绘本《波波力谈生活与科学》（*A Bird Named Boboli: Life and Science*），他的作品想象奇特，充满趣味。在此，我们向凯力力博士表示衷心的感谢！

张晓舟

2018年6月

目 录

1

自卑是对自我的消极评价

呵呵,我要战胜天下所有的胡萝卜!

休想!

正确地认识自卑,我们可以更好地认识自己,战胜自己,也战胜所有的"胡萝卜"!

自卑是我们把自己和周围的人做比较时产生的一种自我评价和自我情感体验。自卑心理潜伏在我们许多人心中。这是一种己不如人的负面认识或负面体验。

这种负面体验会束缚我们的思想和心灵，也会降低我们参与活动的积极性，甚至成为我们的压力和包袱。

束缚

压力

制约

自我评价与自我感知是人们为了确定自己在社会中的地位和能力的一种心理活动。

　　自卑和自大一样，都不是人们对自我的客观评价。

在森林中，兔子就是万兽之王！

必胜

原谅它吧，它以为这个世界上只有兔子……

千万别让狮子听见……

我们是通过自己与他人的比较来认识自己的。我们所选取的比较对象就是我们的"参照物"，一系列用于比较的参照物就是参照体系。

200cm

郁闷

160cm

150cm

完胜

警告：不要跟兔子比身高！

通过与他人比较,我们可以发现自己和他人的差异,认清自己的地位和能力。

你这个"矮冬瓜"……

"矮冬瓜"长高计划(A+B)

发现自己与他人的差距,我们就知道如何改进和发展自我。

计划 A:
加强运动
锻炼长高!

啊,瓶子打翻了……撞到人了!

被吸引!

计划 B:
多吃胡萝卜
也能长高哦!

正确认识自己的地位和能力, 可以帮助我们调整自己的目标和行为, 达到预期目标。

长高大作战, 绝对胜利！

自我评价产生于自己和他人的比较中，比较是普遍现象。不管穿衣还是学习，人人都有意无意地把自己和周围的人做比较。

这条裙子我上次逛街也看见过，我穿上可比她好看多了！

哼！我觉得我穿上也不错啊！

注意：背后议论别人是不好的哦！

自我评价是一个持续不断的过程。我们不仅拿现实自我和理想自我比较，还要和别人比较。

声线迷死人

大受欢迎的阿珍

成绩超好的理想自我

力大没处使的小强

不小心长胖的妮妮

我到底像谁呢？我到底是谁呢？

喂！有没有在听兔子讲灰姑娘的故事啊？

青少年在成长过程中，更喜欢把自己与他人比较，并以此作为评价自己的主要方面。

青少年关心的主要问题之一：我讨人喜欢吗？

青少年关心的主要问题之二：我聪明吗？

青少年关心的主要问题之三：我能干吗？

山上的朋友，你们好吗？

他以为他是周杰伦啊……

鸡蛋伺候！

很好！

我是"K歌王"！

和人比较,就必然会有不如人处。"天外有天,人外有人""强中更有强中手"。无论朝哪个方向看,你都会发现周围有比你强的人。如果不能够正确理解这些差异,自卑就产生了。

啊,他会折纸飞机!

呵呵,
60分万岁!

为什么我
不会折纸飞机?

打击

想开点……

考了99分还不满足啊……

自卑的因子

心理学家阿德勒认为，与他人相比，每个人都有先天或后天的欠缺。因此，每个人潜意识中都有自卑的因子。

其实，每个人都有不足和欠缺，我们不必为自己某些方面的不足而自卑。但是有时候我们特别在乎某种自己没有的东西，结果就让自卑这个阴影始终在我们心里挥之不去。

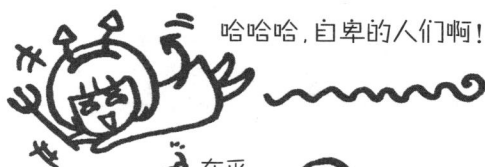

我不够漂亮！

我不够高……

我不够聪明！

我恨镜子！

哈哈哈，自卑的人们啊！

在乎

在乎

在乎

奇怪，为什么这么焦躁不安？

自卑就是过低评价自己的能力、品质、作用和价值,并伴随害羞、不安、内疚、忧郁、失望等消极情绪体验的心理活动。

青少年缺少比较的经验,容易陷于眼前一时一事的比较,也容易进行片面的比较,所以更容易受到自卑的折磨。

当我们认为自己缺少某种重要特质而产生自轻心理时，也会自卑。比如认为自己比别人缺少某种物质条件、社会地位、能力、成绩等，觉得自己条件不如人，便可能产生消极的心理。

物质条件

社会地位

呵呵，收到名贵礼物！

个人能力　不要太潇洒！

心有所属
只要你一个！

自卑者容易片面夸大自己的缺点和短处，对自己持悲观态度，遇到问题时首先觉得是自己的错。

著名文学家郁达夫早期的散文总是或明或暗地流露出自卑的羞怯。他曾毫不掩饰地说："我平时对人,老有一种自卑感。"

请认真回想一下：你常把自己哪些方面与别人比较？在比较中你感到自卑吗？

请把自己感到骄傲和自卑的方面记录下来，写在下面的方框内。

2

自卑的形成过程

孕育的过程——
痛并悲伤着！

自卑无论以什么形式表现出来,它的实质是一种自我贬低的自我评价。一般来说,比较对象的片面选择、比较结果的不当解释、过去生活中负面事件的消极解释,以及他人消极评价的影响是导致我们自卑的四个主要因素。

自我评价有两种主要方式:一种是我们被动地感受体验周围事件的方式,另一种是我们主动选取参照对象或目标进行比较的方式。

被动的情景是这样——

主动的情景则是这样——

为什么身处同样情境其他人没有产生自卑?

让我们看看下面两个人……

都给我走开! 好不爽啊!

哦,呵呵!今天天气貌似不错哦!

郁闷

哦,天啊! 请问这是同一个世界的两个人吗?

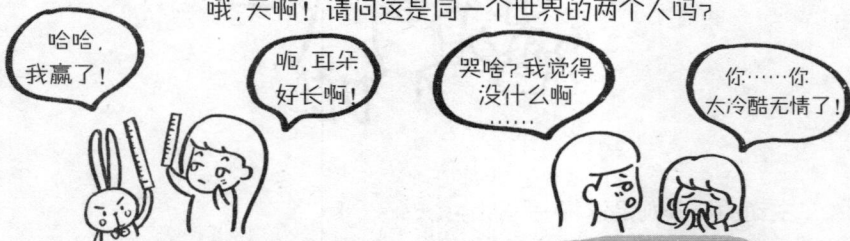

哈哈,我赢了!

呃,耳朵好长啊!

哭啥?我觉得没什么啊……

你……你太冷酷无情了!

因素一:选择不同的比较对象

因素二:对事件的不同解释

过去的我

千万别去,以前我就失败过了!

时光机

因素三:受过去负面经历的影响

早就说了你不行……跟你讲过好多次了……

压 力

因素四:受他人评价的影响

因素一
参照系或比较对象的片面选择

呃，每只兔子看起来都差不多……

兔兔流水线

当我们选取的参照对象比自己强时，我们就会产生事事己不如人的自我评价。同时，负面的评价还会影响我们的情感体验，使我们沮丧。

当我们和比自己差的人比较时，当我们把自己的长处和别人的短处比较时，我们就有优越感和自信。这时候正面的评价影响我们的情感体验。

……

哈哈,兔子没上过学,一定没我聪明!

呵呵,昨天刚测了智商!

优越!
自信!

智商
300

青少年缺乏人生经验，其自我评价所选取的参照物易受他人影响，而且其参照体系一般也不完整，这样的自我评价难免片面。

兔啊兔，你生活的意义究竟是什么？

知之为知之，不知为不知……

我是淡定兔

啊，比我还受欢迎！！

兔兔啊，你真可爱，喜欢你！

嘿嘿

晕

不理解，我生活的意义究竟是什么？！

魅力兔

口才兔

真是大千世界，无"兔"不有啊……

乐天兔

深藏不露兔

比上不足，比下有余啊！

因素二
比较结果的不当解释

画胡萝卜大赛

嘻嘻,画得真认真啊!

好担心

他会把我画成什么呢?

管他呢,反正洗得掉!

无所谓

哈哈哈,我就知道我的胡萝卜是最棒的!

作品一号

你有自信我就有自信!!

作品一号和作品二号都画得很不错哦!

真的好看吗?其实没有说的那么好吧?

作品二号

你这样我也泄气了。

当我们处于悲观情绪中，或者用悲观主义观点看待事情结果时，我们就会对与自己相关的事件进行悲观的解释，很容易沮丧和自卑。

好悲惨的电影……

惨绝人寰啊！

悲观

悲观

喂喂，你们的眼镜戴错了！

立体眼镜，
看大片专用

心理学家研究发现，自卑并非产生于自我评价活动：许多人都曾把自己和优秀的人比较，但是并没有产生自卑；许多人也曾在失败和挫折中体验过负面情绪，也没有产生自卑。

那么自卑是怎样产生的呢？
心理学家发现，在比较和体验中，个人独有的自我解释很重要！

比如,当我们长期没有达到父母或教师制定的标准,我们是否会产生自卑感和个人的态度与解释有关。

嘻嘻,完成了!

据说,爱因斯坦上小学手工课的时候,做了一只很难看的小木凳……

上次讲的是牛顿……

怒

我很无辜

你做的是什么东西!再也找不到比这个更难看的凳子了!

我先前做的两个比这个还要难看……

暴风骤雨

呵呵,弟兄们,让老师见识见识!

你赢了!

爱氏一号

爱氏二号

爱氏三号

爱因斯坦把老师的讽刺解读为正面的问题来回答。

雨伞和布鞋的故事

　　故事是这样的：大娘有两个女儿，一个卖布鞋，一个卖雨伞。大娘特别特别关心这两个女儿。

　　可是，大娘总是忧心忡忡，下雨了担心布鞋卖不出去，天晴了又担心雨伞卖不出去……

注释：大娘从悲观的角度看问题，看到的都是不幸的结果。

雨天的时候,雨伞就很好卖;晴天的时候,布鞋就很好卖。只要换个角度去想,天天都开心。

注释:从乐观的角度,就会看到完全不同的幸福故事。

不能正确地选择参照物或解读事件信息,不能客观地解释事件结果,就会产生负面的认识和负面的情感体验。因此,负面的解释和情感体验是造成我们自卑的一个重要因素。

因素三
过去生活中负面事件的消极解释

如果一个孩子从小就处在消极评价中，习惯把自己看成不乖、不好、不聪明的人，他当下也会用这种惯有的观念来解释自己的境遇，把过失原因归于自己，从而得出消极的自我评价。

我们生活中并非总是充满阳光，一些负面事件也容易使我们沮丧和自卑。

心理学家列出了生活经历中容易导致我们负面情感体验的生活事件。比如：

惩罚

忽视

虐待

没有达到同龄人的标准

来自受歧视的家庭

听说她家是卖咸蛋的,呵呵,真穷!

才不要和咸蛋女一起玩!

......

走,咸蛋哥哥带你去迪士尼玩!

呵呵,真开心!

家庭贫困不是我们自己的错,只要保持积极乐观的心态,我们就有理由让别人喜欢自己。

缺夸奖

缺爱

缺温暖

家庭或学校的异类分子

课堂上

一个苹果加一个橘子等于几个?

2个

2

苹果和橘子不同类,怎么能相加呢?

1

冰雪融化会变成什么?

水!

泥巴!

冰雪融化了当然是变成春天了!

2

持续的紧张和苦难

一般来说,自卑不单是消极自我评价的产物,在通常情况下它是消极自我评价和消极情绪体验相互作用的结果。

大家好,我是消极自我评价!

别烦我,我是消极情绪!

怨

烦

臭味相投

兄弟你好,有点面熟啊!

大哥,咱俩很有缘分!

相见恨晚

消极中

这片海,真是灰暗啊……

喂喂喂,你们都看了一下午海了……

因素四
他人消极评价的影响

　　他人的消极评价会影响我们的自我评价。下面我们来讲一个"曾参杀人"的故事。话说某天，曾参和大家一起玩纸牌，大家规定，输的人要接受惩罚——

五雷轰顶

输　　了

当他人的消极评价重复多次后，我们就很难不被其蒙蔽。

我是自卑小·魔女，一起来做个有趣的试验吧！

嗜睡针：由睡美人发明，一旦被刺中，一秒就会睡着，是自卑小·魔女的独门暗器。

自习课上

目标锁定！二选一，到底选谁呢？

......

乖乖女生

调皮男生

如果是乖乖女生睡着了……

啊，被嗜睡针攻击了……

......

郁闷

Z

你们看，人家就是不一样哦，睡着了还抱本书！

鼓掌鼓掌

如果是调皮男生睡着了……

啊，他也被嗜睡针攻击了……

Z

你们看，他拿着书竟然能睡着！

在众口铄金的情况下,我们很难坚持自己的看法,在自我评价方面也是如此。

自卑是自尊心太强的表现（1）

　　自卑是自尊需求的反面表现。当自尊心太强时，我们就会争强好胜。但是实际上我们不可能处处比别人强，结果反而导致自卑。

我是一颗平凡无奇的豆子……

又长了

豌豆公主
没有豌豆公主那样高贵的出身……

巧克力豆
也没有巧克力豆那样好吃的味道……

青春"痘"
更没有青春痘那样频繁的出镜率……

猪也是一头平凡的猪，可是，一旦和平凡的豆子相遇

就成了"猪鼓励豆"

（朱古力豆）

奇怪，今天买的朱古力豆，怎么吃起来比平时甜得多???

（浓情蜜意）

　　社会中势单力薄的个人，常常怀疑自己的力量，因此个人需要被社会或他人肯定，确定自己的价值，从而获得前进的力量。

自卑是自尊心太强的表现(2)

自尊心太强还容易导致我们过分敏感而自卑,所以有时需要克制我们过强的自尊心。

听说阿梅这次考试得了第一!

啊,真的!

哇! 你切的是什么啊?

可恶,可恶! 为什么不是我!

我很受伤! 可恶,可恶!

我切!

啊,有杀气……

破裂的心

爱显摆的人常自卑

大家好，我是张炫耀，刚刚从法国度假回来！

法国大餐~

茄子~

收了好多礼物！

虽然如此，考试成绩还是不赖呢！

......

她跟我们说这些干什么？关我们什么事啊……

Re 围观群众

不断自我强化的自卑

不要小看一个自卑的念头，它可是会一生二，二生三，不断裂变哦！

我不如他高大帅气！

好自卑

我不如他耳朵长！

我不如他人见人爱！

我不如他胡萝卜吃得多！

哈哈哈哈！我是无敌兔！

唉，好多自卑的念头明天拿出去清理掉。

我不如
我不如
我不如
我不如

嘿嘿，看，这些念头开始长出新的自卑念头了。

哟，你们是哪里来的？这真的是我的念头吗？

主人，我们来了

我的胡萝卜不如他多

我不如他挖洞厉害

我不如他朋友多

我不如他考试成绩好

我不如

再怎么努力也没用

反正我就是不如他

我怎么可能比得上他呢？

我实在差太多了

我天生就差劲

我的天哪！这都是什么念头？

越来越 自卑

一些自卑的念头会自我强化，衍生出更多自卑的理由，但它们并不是真实存在的，就像自我催眠。

有些人喜欢在朋友圈炫耀他所拥有的一切,告诉别人他成绩如何,读过多少书,去过多少地方,有多少件衣服,其实这是他通过自尊方式表现出来的自卑感。他炫耀的正是他害怕失去的。

思考
练习

你对自己的哪几个方面还不满意?你可以找一找原因,试一试重新予以解释。请把你的解释写在下面的方框内。

3

自卑对健康成长的危害

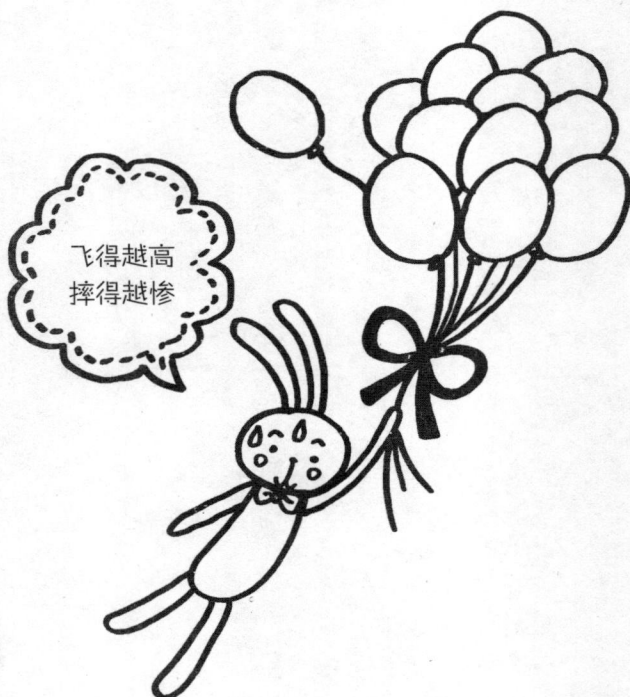

飞得越高
摔得越惨

　　偶尔的自卑感不可怕,它可以促使我们发奋和努力;可怕的是持续的自卑。当我们被笼罩在这种自我消极解读的阴影中时,生活、学习、工作都会畏首畏尾,失去许多锻炼成长的机会。

抑制我们思想的活跃性

兴趣

快乐

灵感

兴趣淡了……
快乐减了……
灵感没了……

无法肯定自己的意见

不敢提出自己的合理要求

虽然如此,不合理的
要求还是可以拒绝。

为什么给我报名?
我不要去!啊啊啊!

说你行你就行!
去吧去吧!

因为班上
没有其他人
愿意去……

吃胡萝卜
大赛

对手:饿了三天的兔子

缺乏参与社会活动的勇气

远离不熟悉的社会活动

逃避挑战和机会

缺乏热情和兴趣

感受不到生活的乐趣

为什么新的一天又开始了呢?

真厌倦啊!

叮铃铃

缺乏活力，没精打采

自习课上

ZZZ

慵懒的气场

真没精神！

人际交往胆怯、敏感

情绪上易焦虑、内疚,易有挫败感

自卑是一种恶性循环

一旦被自卑束缚,我们就会缩手缩脚,没机会不去争取,有机会不敢表现。结果失去锻炼的机会和表现的勇气,从而让我们更加自卑。

自卑的惯性思维

自卑的害处是，它在不知不觉中成为我们自己的行为准则，积淀为我们人格的一部分。

既然是自卑的奴隶，无论做什么都应该遵守自卑的标准！

是，女王
……

画圈圈

当自卑成为习惯

当自卑成为生活的一部分时，我们就惯于寻找自己的缺点和错误，给自己平添烦恼。

大家来找茬儿

个性退缩

被发现了！

反复无常

大小姐脾气

请找出图中人物不为人知的一万个缺点！
（三分钟内答对奖胡萝卜）

个性退缩

武林大会
第一回合

我我我
投降……

真没劲!
我还没
出招呢!

习惯放弃

思考
练习

你是否有某些方面的自卑影响
了自己积极性的发挥?如果有,请记录
在下面的方框内。

看完全书后你再回来想想克
服的办法。

4

如何融化自卑的坚冰

其实就像对付冰激凌那么容易!

　　自卑犹如一个压在我们心头的巨大冰块,我们应该用正面解读来改变感受,用努力来改变现实、积累经验,用期待来温暖自己的心,一点一点融化心中这块坚冰。

76

抛下成见，敞开心扉

闭上眼睛，以为世界一片黑暗……

世界好可怕啊……

睁开眼睛，才发现世界有多美好！

认识到自卑是社会的普遍现象

心理学家麦斯威尔·马兹(Maxwell Maltz)估计,社会中大约95%的人都有自卑……所以,不必为自卑难过。

咳咳咳……

虽然我喜欢喝咖啡,但名字不是我自己取的……

麦斯威尔?难道是发明咖啡的科学家?

其实……我更喜欢胡萝卜……

天生我"菜"必有用

不要自我怀疑，改变自卑的关键在于改变你对自己的信念。这个世界除了个别极优秀的人才，大多数人都差不多。

呵呵，每道菜我都喜欢！

我就觉得胡萝卜最好！

建立完整恰当的参照体系

　　建立完整恰当的比较参照体系,不要过分贬低自己,试着扩大视野。我们越是扩大比较样本,就会发现越来越多的人与自己差不多。

正确看待自己的参照对象

正确选取并看待自己的参照对象，不要觉得自己不如他人，假以时日，你也可以成为理想中的自我。

我就是兔王子，我可以作证，呵呵！

不久以后，我也会是公主！

灰姑娘到公主的距离虽然遥远，但并不是遥不可及。

摆脱不幸体验对心理的束缚

改善自己的情感体验,摆脱过去不幸体验对心理的束缚。不好的体验不一定只能是负面的体验。试着转化它,它可以成为砥砺你前行的力量。

塞翁失马，焉知非福

凡事都有利弊，我们要学会积极看待问题。既然问题来了，尽量从好的方面去想、去努力，把坏事转化为好事。

享受得意的乐趣

回忆过去最得意的几件事情，让自己开心起来！

确定合理的奋斗目标

把不可企及的高标准改为自己经过努力能达到的标准，不要为他人的闲言碎语所困，照自己的标准去努力。

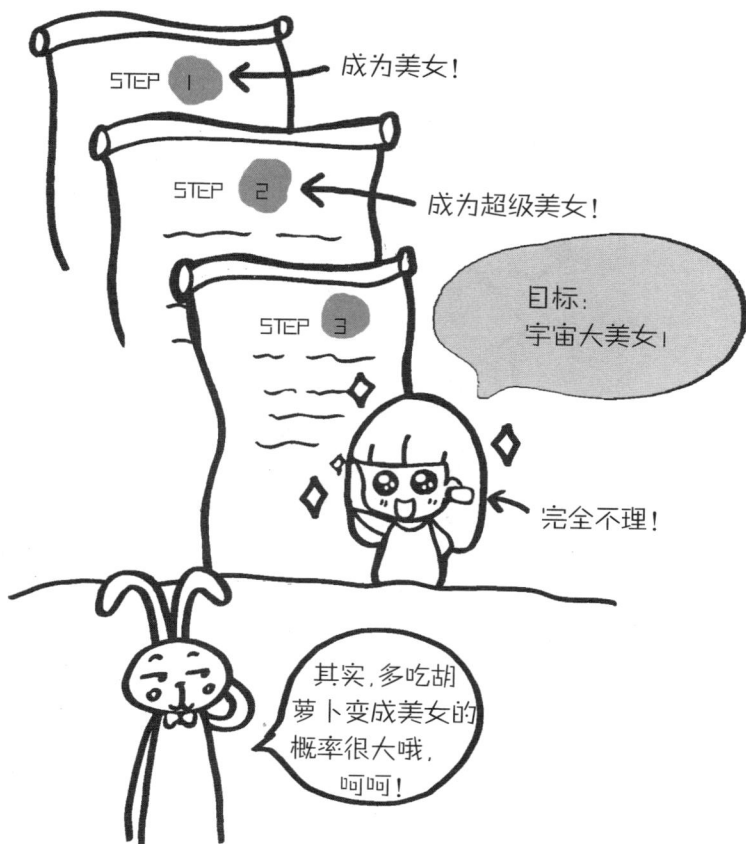

STEP 1 — 成为美女！

STEP 2 — 成为超级美女！

目标：
宇宙大美女！

完全不理！

其实，多吃胡萝卜变成美女的概率很大哦，呵呵！

把自卑变成前进的动力

　　自我否定也可以是自我进步的一种形式。换个角度看，自卑这种自我否定包含自我进步的动力。

化"卑"愤为力量！

掀桌

我的
天啊！

制定切实可行的奋斗目标

你不能样样领先，但你可以事事尽心。

我一定要做出最丰盛的胡萝卜大餐！

胡萝卜八宝汤
用时半个暑假

胡萝卜汉堡包
用时五周半

胡萝卜下午茶
用时两天半

参与就是胜利

参与活动本身就是成功，在活动中去体验其中的快乐和激情，认识新的朋友，提高自己的能力，这些都比简单的胜负重要。

大家一起来跳兔子舞吧！

梦幻岛

草裙舞

夏威夷

不要太在乎他人的评价

　　不管我们是否愿意,别人都会评价我们。所有人的评价都会掺杂个人情感和利益关系。不要太在乎,因为他人的评价也不可能绝对公正。

唱歌唱得
也不好听!

今天衣服
很显胖啊!

你就是
笨手笨脚!

昨天老师又
批评你了!

充耳不闻

积极对待和解释他人的评价

莫听穿林打叶声，
何妨吟啸且徐行。
竹杖芒鞋轻胜马，
谁怕？一蓑烟雨任平生。

——苏轼《定风波》

呵呵，哥哥
我从来不
伤春悲秋！

淡定

连淡定都可以这么高深！

90

学会表扬与自我表扬

人与人的评价是相互的,经常表扬他人,他人也会正面评价你,久而久之你会变得更加自信。

同时，我们也要积极地自我表扬，鼓励自己真正做到内心强大。

微笑的人最美丽

"LET'S TRY"

美国人爱说一句话:"LET'S TRY!"什么意思? 就是让我们
"踹"! 只要是"门",我们就"踹",总有一扇"门"被我们"踹"开!

自我接纳，喜纳自己

我们要相信自己，不管他人如何评价，我们要爱自己，接受自己，随时随地给自己力量。

自我期待：皮格马利翁效应

传说，皮格马利翁是古希腊一个国王，一次他得到一个象牙雕刻的美女，从此爱不释手，不思婚娶。

你真美，我想娶你这样的女子！

可是……

二十年后

我已经发过誓，这辈子非你不娶！

你还好吗？

最后，皮格马利翁的痴情感动了天神，天神让这个象牙美女复活和他成婚。

亲爱的！

空

可是我现在老得可以做你爸爸了……

……

皮格马利翁效应也就是期待效应,这个故事告诉我们期待可以产生奇迹。在学校我们当然希望教师和家长对我们有期待,鼓励我们,表扬我们,这是帮助我们走出自卑最好的方式。

期待效应,
原来是这样
……

百年好合
情意绵绵

老师,我期待
这次考试得满
分!

怎么突然
觉得背后
凉凉的……

寒

目光
炯炯

摇尾巴

哼,如果他人没有期待,我就自我期待!

摆脱过去不幸经历和经验的纠缠

人生不顺之事十之八九,过去就让它过去,不要停留在小时候简单的好坏评价中,突破自己习惯性观念的束缚。如果自己无法突破,可以去寻求心理咨询师的帮助。

不要为不合理的能力衡量指标而责怪自己

　　能力评价的高低会导致我们的自卑。其实能力评价涉及能力形成、表现和表现结果三个方面，而且现有的能力评价指标体系也不一定适合每个人。不要因评价指标的不合理而责怪自己。

表现

形成

结果

我们终于发现了史前时代的能力评价体系！

我们真的需要这个东西吗？

　　对能力的认识应全面，不要因为某科学习成绩不好就否定自己其他方面的能力。

考差了……

请喝兔兔牌聪明口服液！

兔子别推销了，快来帮忙搬东西

好累！

吉尔福特的能力结构图

设想智力活动有三个维度:操作、内容和成果。操作即智力活动的过程,操作的内容是图形、符号、语义或行为。成果有单位、门类、关系、系统、转化或内涵。整个模型包括150种组合(5种操作×5种内容×6种成果)。但是现在的考试只测试了其中很少几种能力。

操作

内容

成果

到底有几个格子啊?

……

来点雨凉快凉快!

到底晚上吃什么呢?好难的问题——

操作即智力活动的过程

?

1 2 3

?

下一个图形是什么呢?

操作内容可能是图形或符号

……

采访一下!请问你的内涵是?

成果有门类、关系、内涵等

弗农智力层次结构模型

美国心理学家弗农(Vernon)提出了智力层次结构理论。一般能力因素为最高层次;第二层次有两大因素群,即言语和教育方面的能力因素、操作和机械方面的能力因素;第三层是小因素群;第四层是特殊因素。

人人都有能力的短板

就学校学习成绩而言，应试教育需要的只是其中几种能力，也许这恰好是我们的短板。但这并不说明我们的能力不如学习成绩好的同学。

同理,如果缺乏社会交往的某种能力我们也会有困扰。短板只是某一块板子短了点,但是不等于我们没有长板,更不能证明我们不行。

唧唧喳喳

她人缘真好!

秋风扫落叶

你好,听说你对宇宙神秘现象很有研究……

这是我的名片……

所有能力都可以通过努力来提高

其实,大家不必担心。我们的能力可以通过科学方法再加努力来提高。

能力++
科学方法
能力+
努力
能力

除了科学方法和努力,还要记得喝兔兔牌聪明口服液哦!

喂喂喂!现在可不是广告时间!

不要以一时一事的成败论英雄

有时你比别人差,可能是因为一时情景所致,我们需要时间来证明自己。

不为家庭条件和社会地位感到自卑

家庭条件和社会地位有继承的因素,它们不是我们能力的体现,也不是我们所能决定的,所以不必为此内疚和自卑。

不要太把自己当回事

我觉得你的内涵不够……

什么

没内涵　品位差　格调低
没文化　　　没素质

呱呱

惊涛骇浪

喂喂，我只是随便说说啦……

我要苦练!

不要这么认真嘛!

化石修炼内功

　　太在乎自己，太在乎别人对自己的评价；一有不开心或失败的经历就一直记在心里；别人只是随便说说，自己却很在乎，不考虑别人说话的用意和实际情况，这样的人也容易自卑。

莫畏浮云遮望眼

由于这个社会推崇成功，所以一些成功者的能力、业绩往往被夸大。在社会的渲染过程中，形成了夸张的评价系统，让你感到自惭形秽。我们大可不必为此自卑。

添油加醋

找一个自己适合的舞台演出

心理学认为,人和人的比较是很复杂的,也是很困难的。如果你感到自己不如别人,未必就一定比他差,可能是你没有找到一个好的表演舞台或机会。你可以通过积极参加活动来发现自己的长项,积极为自己创造机会。

学会控制自己的自卑情绪

把自卑情绪控制在适当的范围和适当的程度之内，你将能更好地适应社会。

有句顺口溜可以说明外界评价对我们的影响。顺口溜是这样说的——

嘿嘿!

说你行你就行，不行也行;说你不行就不行,行也不行;说你行你就行,不行也行;说你……

梦游兔子

够了,我已经晕了,到底行不行啊……

所以,我们一定要说:我行!

请你根据第23页,第57页,第75页的记录,参照第四章提供的思路,重新认识自己,并制定相应措施培养自己的自信心。请写在下面的方框内。

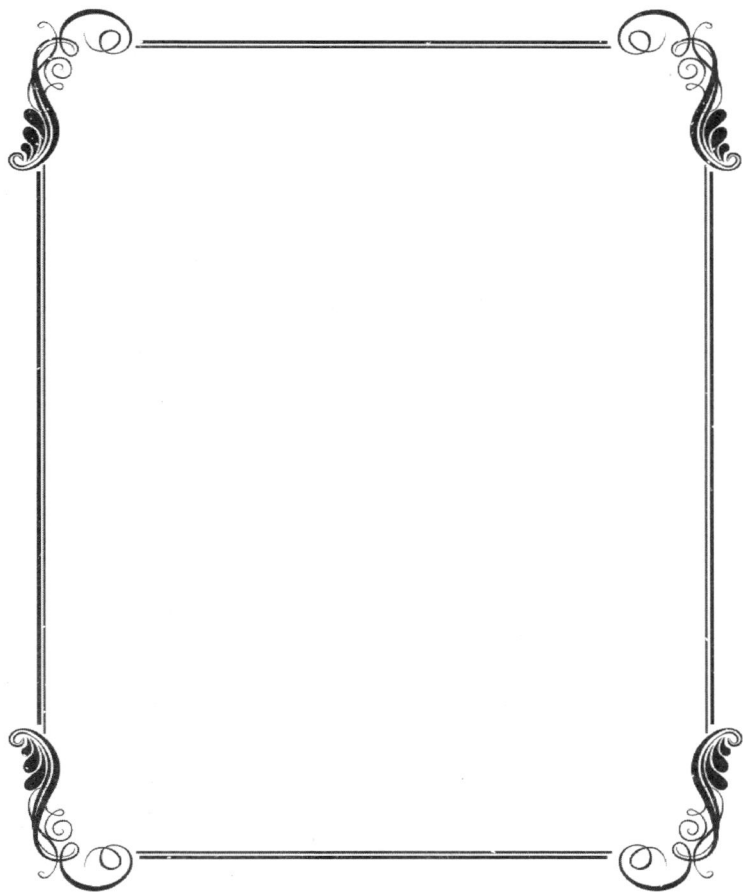

自卑自测问卷

本问卷测量你对自己的看法，答案没有对错之分。请认真回答下列问题，并把数字填在括号内。

1= 很少或没有　　2= 偶尔　　　3= 有时
4= 经常　　　　　5= 一向如此

1. 我觉得如果别人真的了解我，就不会喜欢我了。　　　　　（　　）
2. 我觉得我不太懂得如何与人相处。　　　　　　　　　　　（　　）
3. 我为自己的成就感到自豪。　　　　　　　　　　　　　　（　　）
4. 我觉得人们都喜欢和我在一起。　　　　　　　　　　　　（　　）
5. 我觉得别人很喜欢和我交谈。　　　　　　　　　　　　　（　　）
6. 我觉得我是一个虚心和开放的人。　　　　　　　　　　　（　　）
7. 我认为我给别人留下了很好的印象。　　　　　　　　　　（　　）
8. 我觉得自己对做许多事不那么自信。　　　　　　　　　　（　　）
9. 当我与陌生人在一起时，我会感到很紧张。　　　　　　　（　　）
10. 我希望自己能够生在别的家庭。　　　　　　　　　　　　（　　）
11. 我觉得自己长得很丑。　　　　　　　　　　　　　　　　（　　）
12. 我觉得别人比我活得更快乐。　　　　　　　　　　　　　（　　）
13. 我觉得在和别人的谈话中没有多少话题。　　　　　　　　（　　）
14. 我的朋友都觉得我是一个很有趣的人。　　　　　　　　　（　　）
15. 我觉得我很有幽默感。　　　　　　　　　　　　　　　　（　　）
16. 当我与陌生人在一起时，我觉得我的自我意识很强。　　　（　　）
17. 有许多新鲜事情我都不愿意尝试，我怕把事情搞砸。　　　（　　）
18. 我觉得人们和我在一起时感到很快乐。　　　　　　　　　（　　）
19. 当我外出时，我总觉得找不到同伴。　　　　　　　　　　（　　）
20. 比起周围的人，我觉得我承受了更多的压力。　　　　　　（　　）

21. 我觉得我是一个比较有魅力的人。　　　　　　　（　）
22. 我觉得别人喜欢在背后说我坏话。　　　　　　　（　）
23. 我觉得我总的来说是一个受大家欢迎的人。　　　（　）
24. 我很担心我在别人面前显得很愚蠢。　　　　　　（　）
25. 我的朋友都很看重我。　　　　　　　　　　　　（　）

评分方式：
以下各题计负分：3、4、5、6、7、14、15、18、21、23、25。
以下各题计正分：1、2、8、9、10、11、12、13、16、17、19、20、22、24。
全部分数加总计分后，低于10分为正常，10分以上则需要改进。分数越高越表明
在自尊心方面存在问题。

（以上问卷根据《自尊心一览表》和林孟平《自我形象问卷》改编）

参考文献

艾里斯, 2007. 别跟情绪过不去[M]. 广梅芳, 译. 成都: 四川大学出版社.

巴史克, 2005. 心理治疗入门[M]. 易之新, 译. 成都: 四川大学出版社.

布兰岱尔, 2006. 儿童故事治疗[M]. 林瑞堂, 译. 成都: 四川大学出版社.

芬内尔, 2001. 战胜自卑[M]. 周晓林, 岳琦, 胡军生, 边征, 译. 北京: 中国轻工业出版社.

莱瑟克曼, 2008. 克服逆境的孩子[M]. 黄汉耀, 译. 成都: 四川大学出版社.

里维斯, 2007. 40法建立孩子正确价值观[M]. 橄榄编译小组, 译. 成都: 四川大学出版社.

马斯洛, 等, 1987. 人的潜能和价值[M]. 林方, 主编. 北京: 华夏出版社.

派瑞, 2007. 伴青少年渡过挣扎期[M]. 柳惠容, 译. 成都: 四川大学出版社.

舒尔兹, 1988. 成长心理学[M]. 李文湉, 译. 北京: 生活·读书·新知三联书店.

《中国心理卫生杂志》编辑部, 1993. 心理卫生评定量表手册[J]. 中国心理卫生杂志增刊.